幼兒小百科·6·

奇妙的昆蟲世界

姚雲志◎編著

中華教育

幼兒小百科·6·

奇妙的昆蟲世界

姚雲志◎編著

責任編輯：郭子晴 馬楚燕
裝幀設計：陳淑娟
排版：時潔
印務：劉漢舉

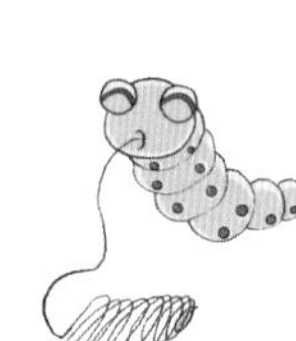

出版／中華教育

香港北角英皇道 499 號北角工業大廈 1 樓 B
電話：(852) 2137 2338 傳真：(852) 2713 8202
電子郵件：info@chunghwabook.com.hk
網址：http://www.chunghwabook.com.hk

發行／香港聯合書刊物流有限公司

香港新界大埔汀麗路 36 號 中華商務印刷大廈 3 字樓
電話：(852) 2150 2100 傳真：(852) 2407 3062
電子郵件：info@suplogistics.com.hk

印刷／美雅印刷製本有限公司

香港觀塘榮業街 6 號海濱工業大廈 4 字樓 A 室

版次／ 2019 年 12 月第 1 版第 1 次印刷

規格／ 16 開（205mm x 170mm）
ISBN ／ 978-988-8674-18-3

目錄

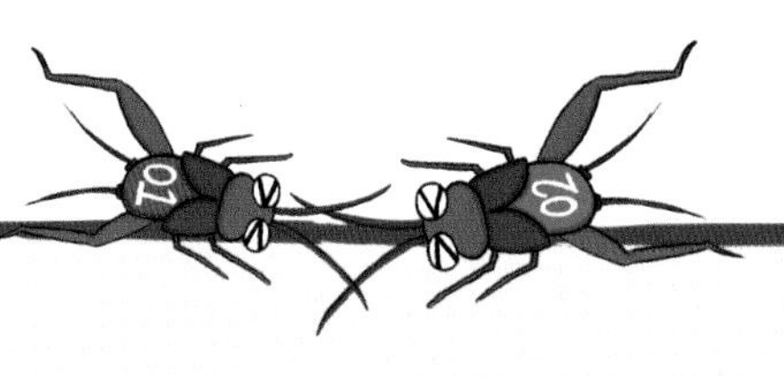

小昆蟲的大世界

螞蟻用甚麼識別方向？

螢火蟲為甚麼會發光？

蜻蜓身上為甚麼有黑點點？

蠶寶寶是因為受傷把自己裹起來的嗎？

讓我們一起走進奇妙的昆蟲世界吧！

屎殼郎 團糞專家

屎殼郎既是「邋遢大王」，又是大自然中很有名的清潔工。在有糞便的地方常常會看到牠忙碌的身影。

屎殼郎的工作

屎殼郎每天的「工作」就是把糞便滾成圓圓的糞球，埋在土中。到了繁殖的季節，雌屎殼郎會將卵產在糞球裏，糞球就成了孩子們溫暖的家，同時，糞球也成為牠們生長需要的食物。

屎殼郎有「導航」

屎殼郎要想把糞球推到一個安全的地方藏起來，走對路線就很重要了。不過對屎殼郎來說，辨認方向是小菜一碟，牠能依靠太陽、月亮以及天空中微弱的光芒來導航，準確地找到前進的正確方向。

小檔案

壽命：約3年

體長：2.5~3.5厘米

食物：動物糞便

螳螂 捕蟲神刀手

螳螂身材苗條，愛穿淺綠色衣裳，長着一雙像薄紗一樣輕盈的翅膀，在美麗的外表下，牠還擁有一件厲害的武器，用這個武器可以捕獲很多食物。

厲害的武器

螳螂胸前有兩把「大刀」，是牠的前腿，也是牠的武器。螳螂捕食速度極快，當你還沒有數完一個數字的時候，牠已經用牠的兩把「大刀」，將眼前的獵物抓住，而且百發百中。所以人們又稱牠為「捕蟲神刀手」。

殘忍的小吃貨

螳螂喜歡吃的食物有很多，例如蝗蟲、蒼蠅、蛾等昆蟲。有時，牠還會以同伴為食。例如最有名的雌螳螂「吃夫」事件，當雌、雄螳螂交配之後，沒能迅速逃離的雄螳螂可能會被飢餓不已的雌螳螂抓住，吃掉。

小檔案

壽命：6~8 個月
體長：4~8 厘米
食物：蠅、蚊、蝗等昆蟲

螢火蟲 草叢裏的星星

「螢火蟲，掛燈籠，飛到西來飛到東，就像一顆小星星。」在夏天的晚上，我們經常可以看到許多一閃一閃的螢火蟲飛來飛去。

小檔案

壽命：7~30天（成蟲期）
體長：8~20毫米
食物：蝸牛

螢火蟲會「說話」

螢火蟲靠身體裏的「發光器」發光，牠一會兒亮一會兒滅，而且間隔時間不同，就像在「說話」一樣。

螢火蟲會「打針」

小小的螢火蟲可是食肉的昆蟲，而且最喜歡吃蝸牛。螢火蟲對付比牠個兒大的蝸牛有一套獨特的方法：牠在吃蝸牛前，會先給蝸牛打上「麻醉劑」，像醫生給生病的人做手術之前要打麻醉藥一樣，等蝸牛昏迷後，無力抵抗了，再把蝸牛消滅掉。

螞蟻 導航專家

螞蟻是一種常見的昆蟲，牠的祖先比人類出現得都早，這個小小的昆蟲本領可不小。

有牠在，不怕迷路

螞蟻的方向感非常敏銳，能利用太陽來辨認回巢的方向；此外，螞蟻還能根據氣味認路。牠會在爬過的地上留下氣味，返回時只要追尋這種氣味，就不會走錯方向了。

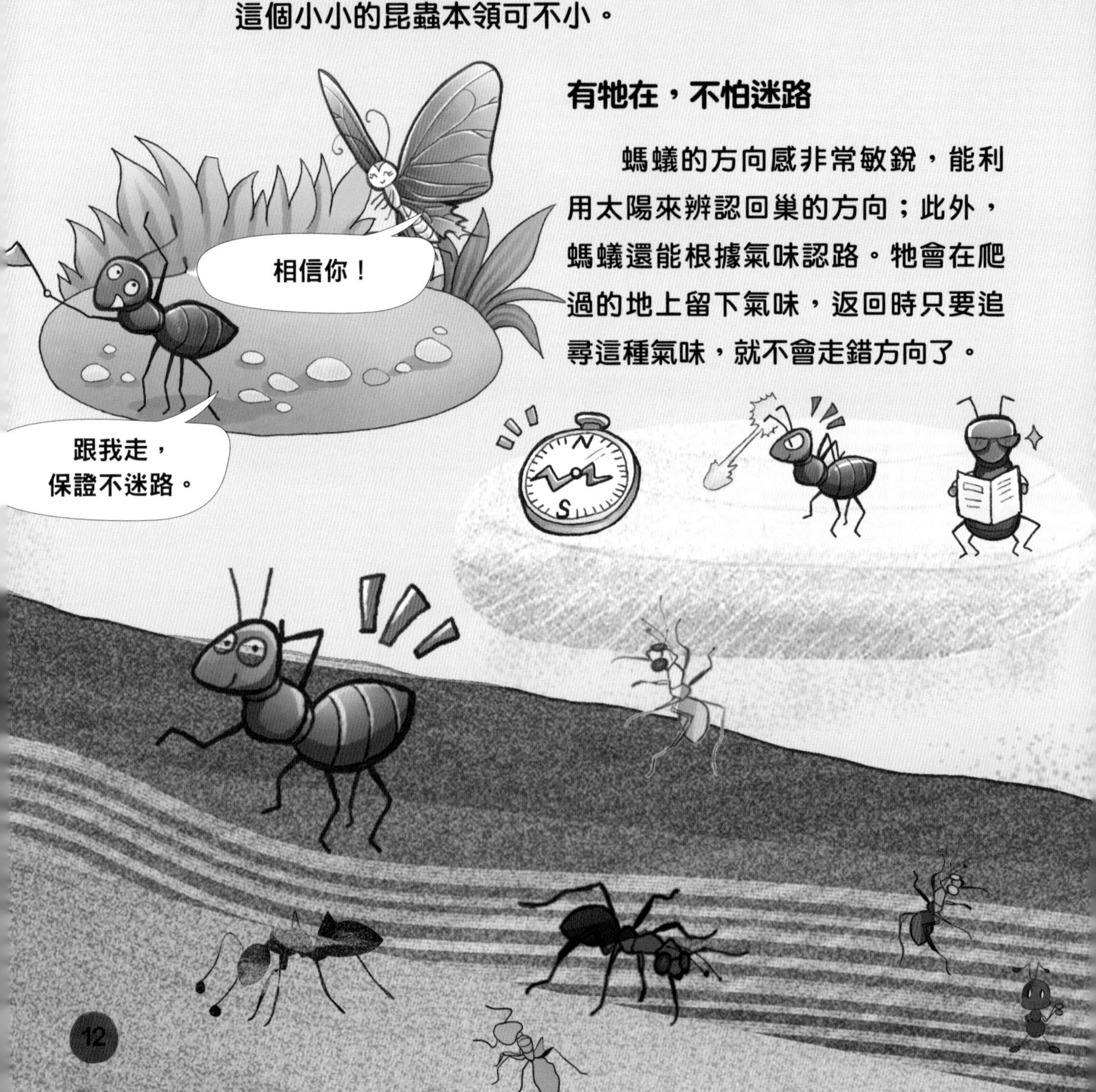

螞蟻的「降落祕訣」

大多數的螞蟻沒有翅膀，不過，牠從高空摔下時，卻不會摔傷。原來是因為牠的體積小，身體輕，降落時受到空氣阻力的影響，使得牠的下降速度很慢，落地時會非常平緩，好像帶着「降落傘」一樣。

小檔案

壽命：3~10年
體長：2.5~15毫米
食物：肉類、草葉等

蜜蜂 天才建築師

「小蜜蜂，整天忙，採花蜜，釀蜜糖」。蜜蜂不僅會釀蜜，牠還是一個建築師呢！

牠們建造出來的房子省材料。

牠們的房子非常的穩固。

牠們的房子可以增加空間容積。

蜜蜂的房子

蜜蜂的房子 —— 蜂巢，是蜜蜂用蜜築成的。用最少的材料，建造出穩固的「房子」，蜜蜂真是當之無愧的「天才建築師」！

小檔案

壽命：工蜂 30~120 天
　　　蜂王 4~5 年
體長：8~20 毫米
食物：蜂蜜和花粉

蜜蜂大家庭

蜜蜂是羣居性的昆蟲，一個蜂巢裏住着成千上萬隻蜜蜂。每一隻蜜蜂都有着屬於自己的工作，牠們聽從蜂王的命令，認真完成自己的任務，為整個大家庭服務。

七星瓢蟲 身披星星的花大姐

瓢蟲的形狀很像用來盛水的葫蘆瓢，所以我們叫牠們瓢蟲。牠們的身體雖然跟黃豆一樣小，但小身板裏藏着大能量。

莊稼地裏的保護神

被蚜蟲吸食過汁液的莊稼很多都會枯萎死去。不要擔心，「花大姐」七星瓢蟲恰恰是蚜蟲的天敵。一隻七星瓢蟲一天可以吃掉一百多隻蚜蟲呢，牠們是莊稼的保護神。

瓢蟲愛裝死

瓢蟲有個看家本領，就是一遇到敵人，牠就會從樹上落到地面，並且把腳收縮在肚子底下，通過裝死瞞過敵人。但這種伎倆對蜘蛛可不管用，因為蜘蛛會用蛛絲把瓢蟲團團纏繞起來，被蛛絲纏住的瓢蟲無法逃走，只能成為蜘蛛的美餐。

蜻蜓 閃電飛行員

蜻蜓喜歡在池塘、河邊飛來飛去。別看牠體型不大，牠可是很有「本事」的。

飛行本領強

在昆蟲世界裏，蜻蜓的飛行本領可以說是前列的。牠可以快得像閃電，也可以慢得像落葉，還能懸停在空中。當你以為可以抓住牠時，一眨眼，牠又飛遠了。

翅膀上的「缺點」

蜻蜓的每個翅膀上都有一個小黑塊，這讓牠看起來並不美觀，但少了這些小黑塊可不行。牠們可以消除高速飛行時翅膀上產生的顫抖，幫助蜻蜓平穩飛行。科學家按這個原理改進了飛機的機翼，使得飛機的飛行穩定了許多。

小檔案

壽命：1~3 個月（成蟲期）

體長：20~150 毫米

食物：蚊類及其他昆蟲

蠶寶寶

裹在「絲被」裏的小肉團

白胖胖的蠶寶寶，每天過着吃飽就睡的生活。

蠶寶寶會吐絲

蠶寶寶可以吐出能織成布的蠶絲。這是因為牠體內有一個叫袋狀囊的「小倉庫」，裏面儲藏着很多絲液。當蠶寶寶吐絲時，絲液就從「小倉庫」中被擠出來，遇到空氣就變成長長的絲了。

桑葉真美味

蠶寶寶最喜歡的食物就是桑葉了，一片寬大的桑葉會很快就被吃乾淨。不過在沒有桑葉的情況下，牠們也會吃些葡萄葉、蒲公英和萵苣葉，但是吃多了容易生病。

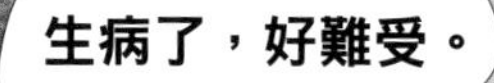

蝴蝶 翩翩起舞的仙子

「蝴蝶蝴蝶真美麗，頭戴金絲，穿花衣。你愛花兒，花愛你，你會跳舞它有蜜。」蝴蝶就是經常在花叢中飛舞的仙子。

小檔案
階段週期：10~15天
體長：5~10厘米
食物：花蜜

蝴蝶飛起來靜悄悄

蝴蝶飛行時，翅膀振動的頻率連10赫茲都達不到，而我們耳朵所能聽到的聲音頻率範圍在20～20000赫茲。所以蝴蝶飛行時，我們是聽不到牠飛動時發出的聲音的。

蝴蝶身上有一層滑滑的「粉」

蝴蝶身上有一層滑滑的「粉狀物」，叫作鱗粉。其實那並不是粉末，而是非常小的鱗片，需要在顯微鏡下才能看清楚它的形狀。鱗粉不僅讓蝴蝶擁有五彩斑斕的花紋和圖案，還可以幫牠減小飛行時的阻力、防雨，甚至還能像「空調」一樣，調節身體溫度呢。

蟬 耳聾的歌唱家

夏天在窗外大聲唱着「知了，知了」的小昆蟲就是歌唱家 —— 蟬。

蟬愛「唱歌」

雄蟬為了吸引雌蟬會每天唱個不停。但是牠的聽力很差，即使人在後面大聲說話或吹口哨，也不會影響牠，牠照樣唱得很歡，可惜的是牠聽不到自己美妙的歌聲。

蟬會「撒尿」

蟬靠吸食樹的汁液生活，當蟬吸入大量汁液後，身體會變得特別笨重，當蟬想要飛走時，就不得不排泄出好多液體。

小檔案

壽命：3~17年

體長：4~5厘米

食物：樹的汁液

會變身的魔術師

「毛毛蟲，爬呀爬，爬過草地，爬過枝椏，餓了吃樹葉，累了睡一覺。呼呼呼，一覺睡了好幾天，毛毛蟲變成了蝴蝶。」

快跑！毛毛蟲來了

毛毛蟲的身上長着很多像針一樣的毛，這些毛中含有毒液。被牠的毒毛螫一下，會特別疼。

毛毛蟲會變身

當毛毛蟲快變成成蟲的時候，就不再吃東西了，牠會尋找安全的地方，吐絲，結蛹，然後美美地「睡一覺」。幾天後，牠會從蛹中鑽出來，變成蝴蝶。

不過，不是所有的毛毛蟲都可以變成蝴蝶。蛾類的幼蟲也是毛毛蟲，這類毛毛蟲將會變成蛾。

蝗蟲 莊稼地裏的壞蛋

蝗蟲也叫螞蚱，牠可是莊稼地裏有名的小壞蛋，會成片成片地毀掉我們的莊稼。

成羣結隊的蝗蟲

蝗蟲需要較高的體溫來維持生命活動，所以牠們總是成羣結隊地行動，這樣就可以減少熱量的流失了。當蝗蟲集中遷移時，所經過的地方，往往連一片草葉都不剩。因此，牠的名聲變得很壞。

跳遠健將

蝗蟲是有名的跳遠健將，牠粗壯的後腿長滿了肌肉，可以提供足夠的能量。不過，蝗蟲平時只是慢慢地爬動，只有在緊急情況下才會跳躍。牠隨便一跳，就可以跳出相當於自己身體長度幾十到幾百倍的距離。

小檔案

壽命：2~3 個月

體長：20~40 毫米

食物：肥厚的葉子

運動會
跳遠
第1名

放屁蟲 會「投彈」的臭大姐

放屁蟲也叫「臭大姐」，不僅身體臭，名聲也是臭臭的。

「臭氣彈」威力大

放屁蟲有一個絕活，就是當牠受到攻擊時，便會從腹部的頂端釋放出「臭氣彈」。敵人聞到臭味就不敢進犯，而放屁蟲就會趁機逃跑。其實，「臭氣彈」並不是攻擊性的武器，而是牠自衛的「法寶」。

放屁蟲也瘋狂

人們不僅討厭放屁蟲發出的臭味，更討厭牠們幹的壞事。放屁蟲總會在蔬菜和果樹上咬來咬去，危害蔬菜和果實。所以，人們看到放屁蟲就會立刻消滅牠們。

壽命：16~50天
體長：1.7~2.5厘米
食物：樹木或果實的汁液

竹節蟲 雙料冠軍

竹節蟲穿着綠色或褐色的衣服，體形像竹節。如果你在森林遇到牠，肯定認不出來，因為牠會「隱身」，是不是很厲害呢？

小檔案

壽命：3~6 個月
體長：3~63 厘米
食物：食草

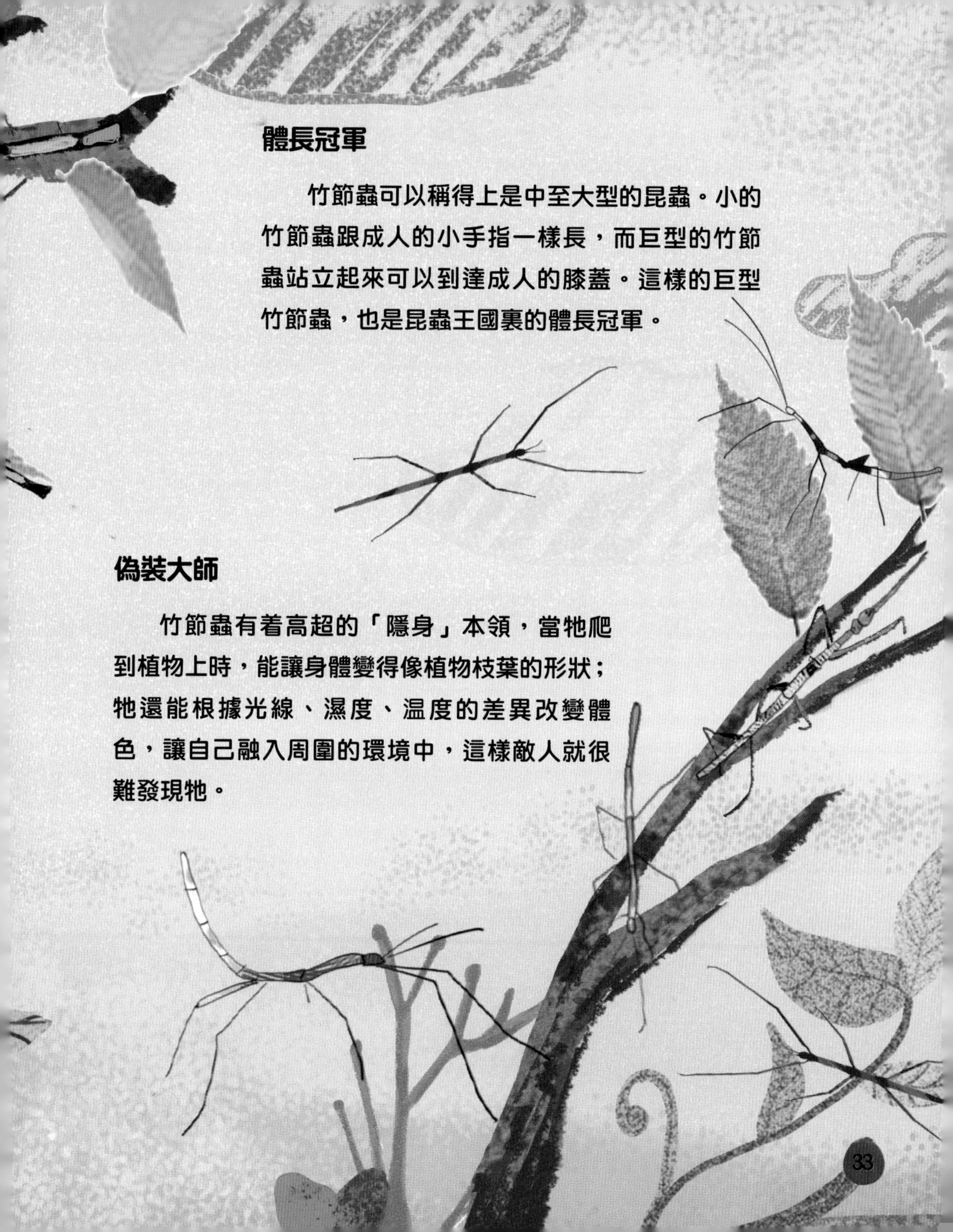

體長冠軍

竹節蟲可以稱得上是中至大型的昆蟲。小的竹節蟲跟成人的小手指一樣長，而巨型的竹節蟲站立起來可以到達成人的膝蓋。這樣的巨型竹節蟲，也是昆蟲王國裏的體長冠軍。

偽裝大師

竹節蟲有着高超的「隱身」本領，當牠爬到植物上時，能讓身體變得像植物枝葉的形狀；牠還能根據光線、濕度、溫度的差異改變體色，讓自己融入周圍的環境中，這樣敵人就很難發現牠。

蟋蟀　麥田裏的演奏家

蟋蟀也就是我們常說的「蛐蛐」，牠們主要生活在田野、草叢等地方。雌蟋蟀是安靜的「小淑女」，而雄蟋蟀表面上是高音演奏家，背地裏可是打架小能手。

小檔案

壽命：約140天

體長：約2厘米

食物：農作物、樹苗、菜果等

雄蟋蟀會「唱歌」

雄蟋蟀並不是用嘴發出聲音，而是用翅膀。牠的翅膀邊緣有齒狀的刮片，只要摩擦兩隻翅膀，就能發出「啾啾」聲了。夜晚雄蟋蟀會一直唱，這既是警告別的同性：「這是我的領地，你不許進入！」同時又是在吸引異性：「我在這兒，快來吧！」

我的樂器
很獨特哦。

打架不是好孩子

雄蟋蟀有着一種天生好鬥的性格，牠的領地意識非常強，不能容忍其他雄性接近牠的領地。只要兩隻雄蟋蟀相遇，必然會一決高下，打得頭破血流。

牠們不是昆蟲

牠們有的會「捉迷藏」、有的會「變魔術」、
有的身體有毒、
有的肌肉「強健」，
牠們不是昆蟲，
牠們到底是誰？

蜘蛛 紡織小能手

蜘蛛是個紡織小能手

蜘蛛是節肢動物，也是天生的紡織能手，牠只需一個小時甚至更短的時間就能織出一張新蛛網來。

蜘蛛網粘不住蜘蛛

蜘蛛很聰明，牠織網時用了兩種絲，所以蛛網上有一些絲沒有黏性。蜘蛛在沒有黏性的絲上活動，就不會被自己的網粘住。

蝸牛 背着房子的旅行者

蝸牛背着大房子

蝸牛是軟體動物，頭上長有四隻觸角，眼睛長在頭部的後一對觸角上。牠背上背着一個螺旋形的殼，走動時頭尾從殼裏伸出，受到驚嚇時頭尾就一起縮進殼中。

蝸牛牙最多

蝸牛是世界上牙齒最多的動物。雖然牠的嘴大小和針尖差不多，但裏面長着兩萬多顆牙齒。

蜈蚣 兇猛的用毒大師

「百足蟲」蜈蚣

蜈蚣是節肢動物，有幾十對足，有的可達一百多對，所以人們用「百足蟲」來形容牠。

蜈蚣很兇猛

蜈蚣是典型的肉食性動物，牠能射出毒液，可以殺死比自己大的動物。

蚯蚓 能幹的土壤淨化員

蚯蚓是淨化環境的好幫手

蚯蚓是環節動物，每天都要吞食大量腐爛的有機物和泥土，一條蚯蚓一天可以吃掉相當於自身重量的有機廢物呢。

蚯蚓很美味

蚯蚓的身體裏含有大量的蛋白質和脂肪，是雞、鴨、鵝等家禽和一些魚類最愛的食物。

昆蟲觀察記

昆蟲的觸角

雖然昆蟲沒有鼻子，但牠們的頭部都長有觸角，這些觸角主要起嗅覺和觸覺的作用，有的昆蟲觸角還具有聽覺作用。

昆蟲都是近視嗎

昆蟲大多是「近視」，雖然有複眼和單眼，但牠們的視力很差，只能分辨近處的物體。蜻蜓是昆蟲中視力較好的，牠的複眼可以看到各個方向。但是牠也只能看清近處的物體，遠處的物體對牠而言就像一個模糊的影子。

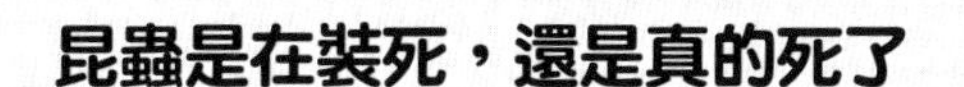

昆蟲是在裝死，還是真的死了

許多昆蟲遇到危險的時候會裝死逃生，跟真的死了一樣。這時候可以用一根小木棒碰碰牠們的身體，如果身體緊繃的，就是在裝死；如果身體鬆弛，就是真的死了。

昆蟲為甚麼長不大

　　昆蟲是外骨骼構造，牠們的成長需脫掉舊殼長出新殼，這個過程很容易受到敵人攻擊。如果體型過大，會大大增加換殼的時間，使昆蟲更久地處於危險中。

木頭下面的小昆蟲

　　在潮濕的木頭下常有昆蟲出沒。除此之外，牠們也喜歡待在石頭下面或田地裏。

昆蟲不會流血嗎

昆蟲的血液含有不同的色素物質，因此血液顏色也不相同，常見的有黃色、綠色、橙紅色等。

昆蟲會咬人

大多數昆蟲不會主動攻擊人類，不過蚊子這類的蟲子除外。如果被蚊子叮了，可以塗一些止癢的藥。

昆蟲出現啦

昆蟲種類繁多，是地球上數量最多的動物羣體。牠們的蹤跡幾乎遍佈世界的每一個角落。

昆蟲大軍

書裏跑出了各種小昆蟲。咦？好像有其他的小蟲子混進去了。

找一找

一隻蝸牛爬進了右邊的昆蟲大軍裏，找找看，你能否發現牠。

遊戲時間

折知了

夏天到了，繁茂的樹上又傳來了知了的「歌聲」。讓我們一起用紙折一隻小知了吧！

所需物品 彩色紙、簽字筆、圖畫紙、蠟筆、膠水。

製作方法
1. 按圖1所示折出知了。
2. 為了突出知了的特點，請用簽字筆畫出知了的眼睛和翅膀上的紋路。
3. 在圖畫紙上畫一棵大樹，並把剛才折的知了粘上去（如圖2）。

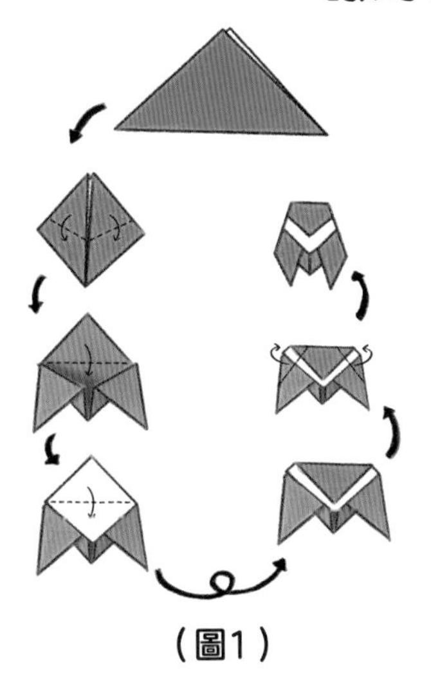

（圖1）

（圖2）